Bibliografische Information der Deutschen Nationalbibliothek:

Die Deutsche Bibliothek verzeichnet diese Publikation in der Deutschen Nationalbibliografie; detaillierte bibliografische Daten sind im Internet über http://dnb.d-nb.de/ abrufbar.

Impressum:

Druck und Bindung: Books on Demand GmbH, Norderstedt Germany
ISBN: 9783668494954

Dieses Buch bei GRIN:

http://www.grin.com/de/e-book/371054/praevention-von-adipositas-im-kindesalter-einfluss-der-schule-und-vergleich

Steffi Bauer

Prävention von Adipositas im Kindesalter. Einfluss der Schule und Vergleich von Schulprogrammen

GRIN Verlag

Modulfach: Ernährungsaufklärung und –Bildung

Hausarbeit:

Untersuchung der Einflussnahme von Schulen zur Prävention von Adipositas im Kindesalter durch Vergleich von Schulprogrammen

Vorgelegt von:

Stefanie Bauer

Mönchengladbach, den 10.02.2016

Inhaltsverzeichnis

Abbildungsverzeichnis

Abkürzungsverzeichnis

AGA	Arbeitsgemeinschaft Adipositas im Kindes- und Jugendalter
Aid	Infodienst für Ernährung, Landwirtschaft und Verbraucherschutz
BMI	Body-Mass-Index
KIGGS	Studie zur Gesundheit von Kindern und Jugendlichen in Deutschland

1. Einleitung

1.1. Ausgangssituation

Die aktuelle Zahl der übergewichtigen und adipösen Kinder in Deutschland ist besonders hoch und steigt stetig weiter an. Besonders wenn Kinder bereits in jungen Jahren an Übergewicht oder Adipositas leiden, ist es für sie schwer wieder ein Normalgewicht zu erlangen. Die Gefahr im höheren Lebensalter an Begleiterkrankungen und Folgeerkrankungen des Übergewichts zu erkranken ist dadurch ebenfalls erhöht. Dieses Problem gilt es zu lösen, indem man durch Ernährungsaufklärung und –Bildung bereits bei Kindern im jungen Alter ansetzt und sie zu einer gesunden Ernährung in Kombination mit ausreichend Bewegung motiviert.

In dieser Arbeit wird daher die Ernährungsaufklärung von Kindern in Grundschulen durch zwei spezielle Schulprogramme hinsichtlich der Fragestellungen „Welches Schulprogramm eignet sich zur Prävention von Adipositas im Kindesalter? Welche Vor- und Nachteile weisen die Schulprogramme beim Vergleich miteinander auf?" untersucht.

1.2. Zielsetzung und Vorgehensweise

Ziel dieser Hausarbeit ist es, durch eine vergleichende Untersuchung von den Schulprogrammen „Ernährungsführerschein" und „Klasse 2000", die Wirksamkeit der Schulprogramme in Bezug auf Prävention von Adipositas im Kindesalter zu überprüfen.

Dazu wird im zweiten Kapitel dargestellt, wie genau Übergewicht und Adipositas im Kindesalter definiert werden. Es gibt festgelegte Grenzwerte, speziell für Kinder in jedem Alter, die eine genaue Definition der Begriffe darlegen. Darauf folgt die Prävalenz von Übergewicht und Adipositas im Kindesalter, die veranschaulichen soll, wie ausgeprägt die derzeitige Situation ist. Zuletzt folgt in diesem Kapitel die Ätiologie, um darzustellen, was mögliche Gründe für die aktuelle Zahl an übergewichtigen und adipösen Kindern sein können.

Im darauffolgenden Kapitel wird kurz beschrieben welche Möglichkeiten die Grundschulen haben auf die Situation Einfluss zu nehmen, um die weitere Zunahme der übergewichtigen und adipösen Kinder zu verhindern. Dabei spielt die Aufklärung über eine gesunde Ernährung und die positive Auswirkung von Sport und Bewegung eine große Rolle.

Im Anschluss daran werden zwei besonders bekannte Schulprogramme detailliert beschrieben. In Kapitel 4 geht es um das Schulprogramm „Ernährungsführerschein". Dieses Grundschulprogramm des Aid wird in Bezug auf Umsetzung, Zielgruppen, Zeitrahmen, Ziele, Inhalte und weitere Aspekte beschrieben, um über das Programm weitgehend aufzuklären.

Darauf folgt das Schulprogramm „Klasse 2000", welches ebenfalls ausführlich beschrieben wird, um die beiden aufgeführten Programme später besser miteinander vergleichen zu können.

Kapitel 6 befasst sich mit der Entwicklung von Vergleichskriterien, die begründet festgelegt werden, um die Programme in Kapitel 7 daraufhin anhand dieser Kriterien zu vergleichen.
Mit dem darauffolgenden Fazit werden die wichtigsten Ergebnisse dieses Berichts noch einmal kurz dargelegt und die Hausarbeit somit abgeschlossen.

2. Übergewicht und Adipositas im Kindesalter

2.1. Definition

Eine Adipositas liegt vor, wenn der Körperfettanteil an der Gesamtkörpermasse pathologisch erhöht ist. Um diesen Körperfettanteil abschätzen zu können, hat sich die Verwendung der einfach messbaren Parameter Körpergewicht und Körpergröße durchgesetzt, aus denen man den Body-Mass-Index (BMI) ableiten kann (Körpergewicht/ Körpergröße^2).
Zur Definition von Übergewicht und Adipositas müssen bei Kindern und Jugendlichen, im Gegensatz zu Erwachsenen, alters- und geschlechtsspezifische Veränderungen berücksichtigt werden. Daher kann man keine Grenzwerte festsetzen, sondern muss sogenannte geschlechtsspezifische Atersperzentile für den BMI nutzen. (WABITSCH; KUNZE 2014, S. 21f)

Die Arbeitsgemeinschaft Adipositas im Kindes- und Jugendalter (AGA) empfiehlt die Verwendung des 90. bzw. 97. Alters- und geschlechtsspezifischen Perzentils als Grenzwert zur Definition von Übergewicht bzw. Adipositas. Die extreme Adipositas wird über einen BMI von >99,5. Perzentil definiert.

Übergewicht: BMI-Perzentile 90-97
Adipositas: BMI Perzentile 97-99,5
Extreme Adipositas: BMI-Perzentile >99,5 (WABITSCH; KUNZE 2014, S. 23)

Abbildung 1: Perzentilkurve für den BMI (Mädchen 0-18J)

Perzentilkurven für den Body Mass Index (Mädchen 0 – 18)

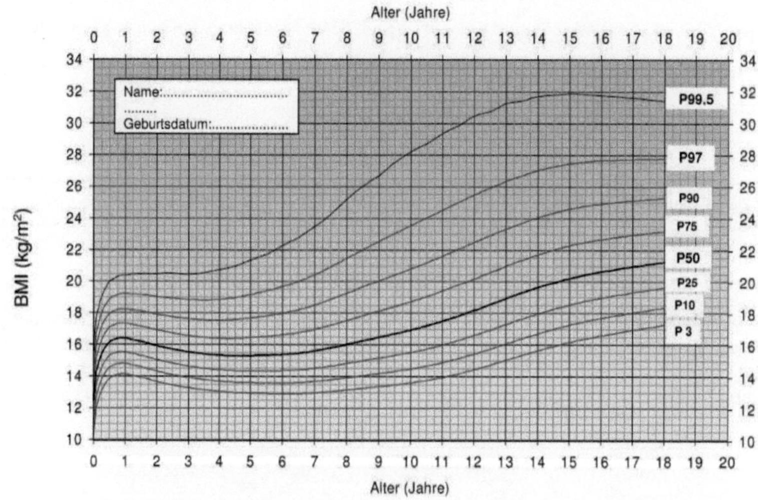

Abb.1: K. Kromeyer-Hauschild, M. Wabitsch, D. Kunze et al.: Monatsschr. Kinderheilk. (2001) 149:807-818

Abbildung 2: Perzentilkurve für den BMI (Jungen 0-18J)

Perzentilkurven für den Body Mass Index (Jungen 0 - 18 Jahre)

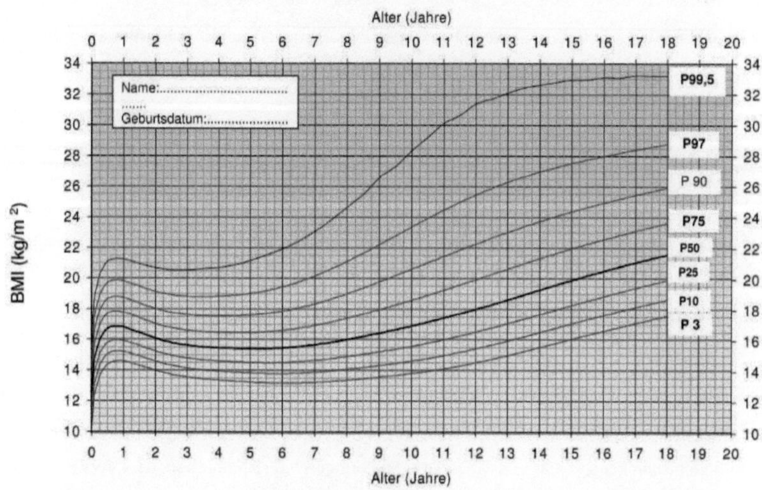

Abb. 2: K. Kromeyer-Hauschild, M. Wabitsch, D. Kunze et al.: Monatsschr. Kinderheilk. (2001) 149:807-818

In den Abbildungen 1 und 2 werden die oben genannten Perzentilkurven dargestellt, an denen man ablesen kann in welchem Gewichtsbereich das jeweilige Kind liegt. Auf der X-Achse befindet sich das Alter, während sich auf der Y-Achse der BMI befindet. Im Graphen findet man mehrere Kurven, die sogenannten Perzentilkurven, die jeweils mit einer Einheit beschriftet sind. Somit kreuzt man den Punkt, an dem das Alter und der BMI sich treffen und kann so den Perzentilbereich ablesen. Beispiel: Junge; 11 Jahre; BMI: 25,0; Perzentil: 97 = Adipositas

2.2. Prävalenz

Laut einer aktuellen Studie sind in Deutschland 15% der Kinder im Alter von 3-17 Jahren übergewichtig und 6,3% adipös. Dies wurde veröffentlicht durch die KIGGS-Studie, die an fast 18.000 Kindern und Jugendlichen in Deutschland durchgeführt wurde. Somit sind ca. 800.000 Kinder in Deutschland adipös. Wenn man den Anteil der verschiedenen Altersklassen betrachtet wird deutlich, dass der Anteil übergewichtiger Kinder nach Schulantritt schnell ansteigt. Besonders auffällig dabei war, dass Kinder aus Familien mit Migrationshintergrund viel häufiger betroffen waren. Dort war der Anteil an übergewichtigen Kindern doppelt so hoch wie in einheimischen Familien. (KURTH; SCHAFFRATH ROSARIO 2007, S. 737)

Verglichen mit Publikationen aus den 1980er- und 1990er-Jahren hat sich der Anteil der Übergewichtigen (Adipöse eingeschlossen) um 50% erhöht.
Es gibt in Deutschland mehrere regionale Erhebungen, die zeigen, dass zurzeit die Prävalenz von Übergewicht und Adipositas bei Kindern und Jugendlichen weiterhin deutlich ansteigt. Die Zunahme der Prävalenz von Übergewicht bei Kindern und Jugendlichen betrug im Jahr 2007 ca. 0,5-1% pro Jahr und die Zunahme der Prävalenz von Adipositas lag bei 0,2-0,5% pro Jahr. Daraus lässt sich schließen, dass die aktuell durchgeführten Präventionsmaßnahmen zum Thema Übergewicht nicht ausreichen. (WIRTH; ENGELI 2008, S.378f)

2.3. Ätiologie

Der Ursache dafür, dass viele Kinder schon in einem jungen Alter übergewichtig oder sogar adipös sind, kann viele Gründe haben.
Zum einen spielt die **Genetik** eine Rolle. Es gibt Familienuntersuchungen, Adoptionsstudien, die Zwillingsforschung sowie die externe Genetik, die belegen, dass es eine genetische Ursache gibt. Dabei wird nicht nur das Körpergewicht untersucht, sondern auch der Body-Mass-Index, die Körperfettmasse und die Fettverteilung. Beim Fett unterscheidet man das subkutane, unter der Haut liegende Fett, sowie das intra-abdominale, im Bauchraum liegende Fett. Aus den Untersuchungen hat sich ergeben, dass vorwiegend das intra-abdominale (viszerale) Fett sowie das Gesamtkörperfett vererbt wird. Der Grad der Vererblichkeit ist jedoch unterschiedlich und noch nicht vollständig erforscht. Beim viszeralen fett beträgt die Vererblichkeit ca. 50%, beim subkutanen Fett liegt sie bei ca. 10%. Die Adaptionsstudien sowie die Zwillingsforschung

haben ergeben, dass das Übergewicht zu ca. 40% vererbt wird. Besonders bei der Zwillingsforschung ist dies deutlich erkennbar, da dort Untersuchungen mit Über- und Unterernährung gezeigt haben, dass die Vererbung hierbei eine Rolle spielt.
Eine weitere Ursache für Übergewicht und Adipositas ist eine **vermehrte Energieaufnahme**. Das Essverhalten des Betroffenen ist ein großer Einflussfaktor auf das Körpergewicht und besonders eine fettreiche, überkalorische Ernährung führt zu einer positiven Energiebilanz. Das bedeutet die Energieaufnahme ist größer als der Energieverbrauch und somit ist die Energiebilanz nicht ausgeglichen, wie es dem Optimum eigentlich entsprechen sollte.
Besonders fettreiche Lebensmittel führen in mehrfacher Hinsicht zur Adipositas. Fett hat einen hohen Energiegehalt, sättigt wenig und wird ohne großen Energieaufwand als Depotfett abgelagert. Auch Süßigkeiten gehören zu den Lebensmitteln, die häufig verzehrt werden und einen großen Energieanteil durch den hohen Zuckergehalt haben. Dies lässt die Aufnahme an Energie in die Höhe schießen und kann somit zu einer positiven Energiebilanz führen. (VEREIN FÜR UNABHÄNGIGE GESUNDHEITSBERATUNG E.V. Zugriff am 26.01.16)

Als nächste Ursache für Übergewicht und Adipositas gehören **psycho-soziale-Aspekte**.
Zum einen fallen unter diesem Oberbegriff die sozio-kulturellen-Aspekte. Damit ist gemeint, dass die Nahrungsmittel sowie auch das Ess- und Trinkverhalten von der jeweiligen Kultur und dem Land geprägt wird. Dazu gehört auch, dass in einigen Familien fixe Essenszeiten vorhanden sind, an die sich jeder hält. Dies führt dazu, dass ohne wesentlichen Hunger gegessen wird. Ein großer Einflussfaktor auf die Adipositas ist zudem die Zugehörigkeit der Sozialschicht. Kinder und Jugendliche der unteren Sozialschicht sind häufiger von Adipositas betroffen als andere. Die Ernährungsgewohnheiten der Kinder hängen stark von denen ihrer Eltern ab. Wenn also eine ungesunde Ernährung vorgelebt wird ist die Wahrscheinlichkeit groß, dass die Kinder dasselbe Essverhalten der Eltern annehmen. Dazu kommt, dass Jugendliche heutzutage ein Drittel aller Mahlzeiten außerhalb ihrer Familie, vorwiegend in der Schule sowie in Fast-Food Restaurants, zu sich nehmen. (Wirth; Engeli 2008, S.98+379)
Ebenfalls als Ursache bekannt ist der **verminderte Energieverbrauch**. Wer sich nicht bewegt, verbraucht natürlich auch weniger Energie und läuft Gefahr dadurch in eine positive Energiebilanz zu kommen. In unserer heutigen Gesellschaft wird die körperliche Beanspruchung im Beruf durch moderne Technik immer weiter verringert und auch die modernen Fortbewegungsmittel führen dazu, dass man sich immer weniger bewegt. Das heißt, wer nicht aus Eigeninitiative Sport macht und sich körperlich betätigt, hat in seinem Alltag nur einen sehr geringen Energieverbrauch, was letztendlich zu einer Adipositas führen kann. Besonders bei Kindern beeinflussen die fehlenden Bewegungs- und Spielbereiche das Bewegungsverhalten. Statt draußen mit Freunden zu spielen werden Kinder heutzutage mit bewegungsarmen Aktivitäten, wie Fernsehen oder mit dem Handy spielen, beschäftigt.

Zuletzt können **Krankheiten und Pharmaka** das Körpergewicht beeinflussen. Standardmäßig werden bei einem adipösen Patienten immer der Verdacht auf eine Hypothyreose (Schilddrüsenunterfunktion) sowie ein Morbus Cushing (Tumor, der eine übermäßige Cortisolproduktion auslöst) untersucht, da diese Krankheiten zu einer übermäßigen Gewichtszunahme führen. Auch Pharmaka wie Insulin, Cortison, Östrogene, Antidepressiva, Beta-Blocker und Sulfonylharnstoffe können das Gewicht beeinflussen. (VEREIN FÜR UNABHÄNGIGE GESUNDHEITSBERATUNG E.V. Zugriff am 26.01.16)

3. Wie kann die Grundschule Einfluss auf die Prävention von Adipositas bei Kindern nehmen?

Schulen gelten als Lern- und Lebenswelten, sie sozialisieren und erziehen, bilden und prägen für die Auseinandersetzung mit der Welt. Grundschulen gehören zu den zuständigen Institutionen um Allgemeinbildung zu vermitteln. Daher ist es den Schulen im Rahmen der Ernährungsaufklärung und –Bildung möglich die Kinder durch ihren Unterricht über gesunde Ernährung aufzuklären. Ernährungsbildung zielt darauf ab, Menschen zu befähigen, die eigene Ernährung politisch mündig, sozial verantwortlich und demokratisch teilhaben unter komplexen gesellschaftlichen Bedingungen zu entwickeln und gestalten. (OEPPING; SCHULZ-GREVE 2013, S84+88)

Zur Aufklärung über eine gesunde Ernährung benötigt es keinerlei eigene Erarbeitung von Unterrichtsinhalten, denn es existieren bereits vollständig ausgearbeitete Schulprogramme, die eine gesunde Ernährung von Kindern fördern.

Schulprogramme sind zentrale Instrumente der Schulentwicklung. Die darin enthaltenen Entwicklungsziele werden nicht von außen vorgegeben, sondern sollen von den Mitgliedern der Schule hervorgebracht werden. Dies hat den Vorteil, dass die Beteiligten ihre eigenen Gegebenheiten am besten beurteilen können und die Akzeptanz der Zielsetzungen meist höher sind, wenn sie von den Akteuren selbst definiert werden. (ALTRICHTER; HEINRICH; SOUKUP-ALTRICHTER 2011, zitiert nach MATERN; STAUF 2015, S. 66)

Es gibt bereits eine sehr große Auswahl an Schulprogrammen, die von den unterschiedlichsten Vereinen und Institutionen ausgearbeitet wurden. Durch die Ausführung von Schulprogrammen zum Thema Ernährung und Bewegung, ist es den Schulen möglich präventiv gegen Adipositas im Kindesalter vorzugehen. Denn eine ausführliche Aufklärung über Lebensmittel, sowie den gelernten Umgang mit diesen oder auch die Motivation zur Bewegung, kann den Kindern helfen ihr Normalgewicht zurück zu erlangen oder zu halten.

4. Vorstellung des Programms „Ernährungsführerschein"

4.1. Programmbeschreibung

Der Ernährungsführerschein ist ein fertig ausgearbeitetes Unterrichtskonzept des aid, welches für Schüler der dritten Jahrgangstufe angewendet wird. Im Mittelpunkt steht dabei, dass die Kinder den praktischen Umgang mit Lebensmittel und Küchengeräten lernen und in sechs bis sieben Doppelstunden eigenständig Speisen herrichten.

Beim Ernährungsführerschein werden den Kindern zum einen Alltagskompetenzen vermittelt, indem sie die Zubereitung von Lebensmitteln erlernen. Zum anderen werden auch soziale Kompetenzen vermittelt, indem die Kinder lernen Verantwortung zu übernehmen und in einem Team zu arbeiten. Durch das fächerübergreifende Arbeiten werden die Kinder selbstständig und vertiefen in sechs bis sieben Doppelstunden ihre Arbeitsroutinen. Sie bekommen durch den Ernährungsführerschein die Chance Lebensmittel mit allen Sinnen wahrzunehmen, zuzubereiten und zu genießen.

Zu den Aufgaben gehören außerdem das Kennenlernen von Ernährungsbegriffen, das Einschätzen von Portionen mit Hilfe der aid-Ernährungspyramide und auch das gemeinsame Tischdecken und Essen. Immer mit dabei ist Kater Cook, der clevere Küchenmeister. Kater Cook soll das Vorbild für die Schüler sein, denn er weiß wie man sich fit und startklar macht für die Küche oder wie die Tische wieder blitzblank sauber werden.

Ziel ist es, dass die Schüler Spaß haben am Selbermachen, Experimentieren und am gemeinsamen Essen. Zum Ende des Programms können die Kinder in einer praktischen Prüfung ihren Ernährungsführerschein erwerben. (KAISER; REHM 2015)

4.2. Inhalte

<u>Einheit 1</u>

Die erste Einheit nennt sich „lustige Brotgesichter" und beschäftigt sich mit der aid-Ernährungspyramide und der Lebensmittelgruppe Brot. Die Kinder lernen bei diesem ersten Treffen wie man ein ausgewogenes Frühstück selbstständig zubereitet und dass auch das Reinigen und Aufräumen am Ende dazu gehört.

<u>Einheit 2</u>

Die zweite Einheit nennt sich „knackiger Gemüsespaß" und beschäftigt sich mit Körperhygiene, Rezepte lesen und verstehen, Einrichtung des Arbeitsplatzes und der Lebensmittelgruppe Getreide und Gemüse. Dabei lernen die Kinder wie man Knabbergemüse mit Kräuterquark zubereitet, indem sie das Schälen und Schneiden gezeigt bekommen und ihren Arbeitsplatz richtig einrichten.

<u>Einheit 3</u>

Die dritte Einheit nennt sich „kunterbunte Nudelsalate" und beschäftigt sich mit den Themen: Küchenhygiene, Arbeitssicherheit, Küchentechniken und den Lebensmittelgruppen Getreide und Gemüse.

In dieser Einheit werden bunte Nudelsalate mit passender Salatsoße zubereitet und der Schwerpunkt liegt auf dem Wiegen, Messen und Raspeln der Zutaten.

Einheit 4

Die vierte Einheit nennt sich „fruchtiger Schlemmerquark“ und beschäftigt sich mit dem Umgang von leicht verderblichen Lebensmitteln und den Lebensmittelgruppen Milch und Obst. Dabei werden Obstquarks und Milchmixe zubereitet und besonders auf das Abschmecken und pürieren der Lebensmittel eingegangen.

Freiwillige Einheit

Nach der vierten Einheit erfolgt eine freiwillige Einheit zum Thema „heiße Kartoffelgerichte“, bei der es um den Umgang mit Kochstelle und Backofen und der Lebensmittelgruppe Kartoffeln geht. Es wird ein Kartoffelbrei mit Salat der Saison hergestellt, sowie Backkartoffeln mit Kräutercreme, wodurch die Kinder das Kochen und Backen erlernen.

Einheit 5

In der fünften Einheit erfolgt die schriftliche Prüfung, in der die Kinder 10 Fragen zu den gelernten Einheiten beantworten müssen. Zusätzlich wird noch das Thema Tischknigge behandelt, in der das Tischdecken sowie Tischregeln geübt werden.

Einheit 6

In der sechsten Einheit erfolgt die praktische Prüfung, in der die Kinder zum Thema „für Gäste „kochen“ ein kaltes Buffet zubereiten und Gäste bewirten (INFODIENST FÜR ERNÄHRUNG, LANDWIRTSCHAFT UND VERBRAUCHERSCHUTZ)

5. Vorstellung des Programms „Klasse 2000“

5.1. Programmbeschreibung

Klasse 2000 ist ein Unterrichtsprogramm des Vereins „Programm Klasse 2000 e.V.“ zur Gesundheitsförderung, Sucht- und Gewaltvorbeugung in der Grundschule. Frühzeitig und kontinuierlich lernen mit diesem Programm Schüler der ersten bis vierten Klasse das 1x1 des gesunden Lebens aktiv anschaulich und mit viel Spaß. Durchgeführt werden die rund 15 Klasse 2000-Stunden pro Schuljahr von Lehrkräften und speziell geschulten Gesundheitsförderern. Die Kinder lernen Kenntnisse, Haltungen und Fertigkeiten, mit denen sie ihren Alltag so bewältigen können, dass sie sich wohlfühlen und gesund bleiben. Ziel ist es, den Kindern beizubringen selbst etwas für ihre Gesundheit tun zu können, ihren eigenen Körper zu kennen und wissen was sie tun müssen damit er gesund bleibt und sich wohlfühlt. Die Kinder sollen außerdem wichtige Lebenskompetenzen erhalten wie zum Beispiel der Umgang mit Gefühlen und Stress, mit anderen kooperieren, Konflikte lösen und kritisch denken. Unterstützt wird das Programm durch die Symbolfigur „KLARO“.

5.2. Inhalte

Bewegung& Entspannung

Bewegung ist ein Thema, das in jeder Jahrgangsstufe durchgeführt wird, da es zur Förderung der gesunden körperlichen Entwicklung beiträgt, gute Laune verbreitet und beim Lernen hilft. Daher sind regelmäßige Bewegungspausen ein wichtiger Bestandteil von Klasse 2000.
Entspannungsübungen werden unter anderem in der ersten jahrgangsstufe mit dem „KLARO-Atemtrainer durchgeführt, mit dem die Kinder das tiefe Ein- und Ausatmen üben. In der zweiten Jahrgangsstufe wird das Thema Entspannung wieder aufgegriffen, indem die Kinder Entspannungsmöglichkeiten in verschiedenen Situationen kennenlernen und verstehen lernen warum Schlaf so wichtig ist.

Gesund essen & trinken

Die Kinder erfahren spielerisch das wichtigste über gesundes Essen und Trinken. Sie gestalten gemeinsam ein Klassenfrühstück und lernen die Zusammensetzung eines gesunden Pausenbrotes. Auch Getränke sind bei der Ernährung wichtig und Wasser bekommt die Bedeutung des besten Durstlöschers der Welt. In der zweiten Jahrgangsstufe lernen die Kinder außerdem Portionsgrößen kennen, arbeiten mit der Ernährungspyramide und verfolgen spielerisch den Weg der Nahrung durch den Körper, was in den darauffolgenden Jahrgangsstufen nochmals wiederholt wird.

Sich selbst mögen und Freunde haben

Ab der zweiten Jahrgangsstufe lernen die Kinder den Umgang mit Gefühlen kennen. Dabei geht es um die vier Hauptgefühle: Angst, Wut, Trauer, Freude und Ausgeglichenheit. Es wird unterschieden zwischen Gefühlen und Verhalten, wobei jedes Gefühl erlaubt, jedoch nicht jedes Verhalten angemessen ist. Sie lernen außerdem auch mit unangenehmen Gefühlen umzugehen und emphatisches Verhalten zu entwickeln.

Probleme und Konflikte lösen

Inhalt der dritten Jahrgangstufe ist das Thema: Konflikte gewaltfrei lösen. Die Kinder lernen dort, dass es für jedes Problem immer mehrere Lösungen gibt und wie sie mit ihrer eigenen Wut konstruktiv umgehen. Es werden Rollenspiele durchgeführt in denen Konflikte fair mit Ich-Botschaften gelöst und Entschuldigungen ausgesprochen und angenommen werden. Zusätzlich finden Aufgaben zur Teamfähigkeit und zum Vertrauen statt, die die Kinder in einem Klassen-Projekt umsetzen sollen.

Kritisch denken & Nein sagen

Zum Thema kritisch denken und nein sagen lernen die Kinder viel theoretisches Wissen über Rauchen, Alkohol und Bildschirmmedien. Sie setzen sich kritisch mit diesen Themen auseinander und setzen eigene

Entscheidungen fest. Auch hier werden Rollenspiele zum Gruppendruck durchgeführt, in denen die Kinder lernen „nein" zu sagen. (VEREIN PROGRAMM KLASSE 2000 E.V. 2015, S. 4f)
Insgesamt werden alle Themen immer wieder erneut aufgegriffen, sodass sie auch in den darauffolgenden Jahrgangsstufen wiederholt werden.

6. Entwickeln von Vergleichskriterien

Um die oben beschrieben Schulprogramme vergleichen zu können, müssen vorerst Vergleichskriterien entwickelt werden. Dazu habe ich mich ausführlich über die Schulprogramme informiert und mir überlegt, welche Aspekte besondere Relevanz in Bezug auf Prävention von Adipositas haben.
Zum einen ist Sport und **Bewegung** ein wichtiger Aspekt in Bezug auf Adipositas. Kinder sollen sich nicht nur gesund ernähren, sondern auch ausreichend bewegen. Eine gesunde Ernährung alleine erzielt keine gute Wirkung, wenn man dabei ausschließlich vor dem Fernseher sitzt und einen Energieverbrauch von nahezu Null hat. Kinder, die sich jedoch gesund ernähren und dazu noch sportlich betätigen, tragen damit viel zu ihrer Gesundheit bei. Daher ist es meiner Meinung nach wichtig, dass die Schulprogramme nicht nur Maßnahmen zur Ernährung beinhalten, sondern auch zur Bewegung.
Des Weiteren möchte ich als Vergleichskriterium den **Zeitaufwand** sowie die **Wiederholungen** der Maßnahmen betrachten, denn Maßnahmen erweisen sich immer dann als besonders erfolgreich, wenn sie nicht nur einmalig sind, sondern wiederholt werden. Eine Einmalige Aktion kann zwar für den Moment interessant und hilfreich sein, doch gerät daraufhin schnell in Vergessenheit. Besonders in Bezug auf Prävention von Adipositas ist es wichtig, dass sich die Kinder nicht nur in einem Schuljahr besonders gut ernähren sondern langfristig, denn es soll eine dauerhafte Ernährungsumstellung sein.
Auch die **Partizipation** der Kinder und Eltern möchte ich als Vergleichskriterium untersuchen. Wenn die Kinder bereits bei der Planung von Maßnahmen und später bei der Umsetzung mit einbezogen werden und mitbestimmen können, ist die Akzeptanz für diese höher. Dadurch verbessert sich die Wirkung hinsichtlich der gewünschten Veränderungen und die Chance für die Weiterführung der Maßnahme steigt. (MAX-RUBNER-INSTITUT 2013, S. 6)
Auch die Partizipation der Eltern kann besondere Erfolge fördern, da Eltern das große Vorbild für ihre Kinder sind und sie letztendlich bestimmen was Zuhause gekocht wird und wie sich ihr Kinder ernährt.

7. Vergleich beider Programme

7.1. Vergleich hinsichtlich Bewegung

Wenn man sich das Kriterium Bewegung anschaut fällt auf, dass nur eines der beiden Programme Bewegungsmaßnahmen beinhaltet. Der Ernährungsführerschein beschränkt seine Maßnahmen ausschließlich auf Ernährungskompetenzen und den Umgang mit Lebensmitteln. Dieses Programm ist weniger umfangreich als Klasse 2000 und daher ist es in den sieben Doppelstunden auch nicht möglich den Kindern zusätzlich zum Thema Ernährung noch weitere Kompetenzen zum Thema Bewegung zu vermitteln. Somit finde ich es richtig, dass man die kurze verfügbaren Zeit dafür nutzt eine Maßnahme detailliert durchzuführen als zwei Maßnahmen nur oberflächlich anzuschneiden. Trotzdem wäre es sinnvoll das Konzept auszuweiten und auch das Thema Bewegung mit einzubinden, da es für übergewichtige und adipöse Kinder hilfreich wäre und auch eine Motivation sein könnte, mehr Sport zu machen oder sogar Gefallen an einer bestimmten Sportart zu finden.

Klasse 2000 hingegen befasst sich in seinem Konzept umfangreich mit dem Thema Bewegung. Dort finden regelmäßig Bewegungspausen im Unterricht statt, in denen die aktive Bewegung der Kinder gefördert wird. Die Bewegungspausen erfolgen unter Anleitung von Übungskarten mit passender Musik CD. Zudem gibt es auch Bewegungspausen die draußen stattfinden, sodass die Kinder verschiedene Sportarten kennen lernen. Auch theoretische Kenntnisse zum Thema Bewegung eignen sich die Kinder in dem Klasse 2000 Programm an. Sie lernen etwas über geeignete Sitzpositionen im Unterricht und die Funktionen von Knochen, Muskeln und Gelenken. Ich finde es gut, dass Klasse 2000 so ausführlich auf das Thema Bewegung eingeht. Besonders der enge Zusammenhang von Praxis und Theorie bringt das Thema sehr gut rüber. Hinsichtlich der Prävention von Adipositas hat das Programm Klasse 2000 in Bezug auf Bewegung deutlich besser abgeschnitten.

7.2. Vergleich hinsichtlich Zeitaufwand und Wiederholung

Die Maßnahmen des Ernährungsführerscheins umfassen sieben Doppelstunden (davon eine freiwillig), die alle in der dritten Jahrgangsstufe erfolgen. Eine Wiederholung der Maßnahme findet jedoch nicht statt. Lediglich das erworbene Wissen wird in der letzten Einheit mittels einer Prüfung abgefragt und somit noch einmal wiederholt. In Bezug auf die Prävention von Adipositas finde ich es gut, dass das Wissen noch einmal in einer Prüfung abgefragt wird. Dadurch haben die Kinder den Ansporn, sich alles noch einmal genau einzuprägen und auch von Beginn an besser aufzupassen, um die Prüfung möglichst gut zu bestehen. Jedoch finde ich, dass es angebracht wäre die Maßnahmen in einem darauffolgenden Schuljahr noch einmal zu wiederholen, damit es somit noch einmal aufgefrischt wird und die Chance, dass die Kinder sich auch in ihrem persönlichen Lebensumfeld gesund ernähren, erhöht wird.

Klasse 2000 wendet die Maßnahmen des Programms ab der ersten Jahrgangsstufe an und hat die Themen so angebracht, dass sie sich auf vier Jahrgangsstufen verteilen und innerhalb dieser Zeit mehrmals wiederholen. Pro Schuljahr finden ca. 15 Klasse 2000-Stunden mit den verschiedensten Themen statt. Hier ist sehr positiv, dass die Maßnahmen nicht einmalig 15 Wochen lang 1x pro Woche durchgehführt werden, sondern dass sich die Themen auf das gesamte Schuljahr verteilen und auch innerhalb der kompletten Grundschulzeit stattfinden und wiederholen. Somit ist die Chance auf Vermeidung von Übergewicht und Adipositas erhöht.

7.3. Vergleich hinsichtlich Partizipation

Die mit Einbeziehung der Kinder in die Planung der Maßnahmen, wie z.B. beim Ernährungsführerschein das Essen, was gekocht wird oder bei Klasse 2000 die Bewegungsmöglichkeiten, die angeboten werden, sind dem vorhandenen Material nur sehr schwer zu entnehmen.
Beim Ernährungsführerschein sind die Lebensmittelgruppen in den Einheiten alle vorgegeben, jedoch könnte es sein, dass beispielsweise beim kunterbunten Nudelsalat die Kinder mitbestimmen dürfen welches Gemüse dem Nudelsalat hinzugefügt wird. Da ich mir die Programme jedoch nicht praktisch ansehen kann, kann ich diesen Punkt nicht genau bewerten. Was jedoch in dem Programm „Ernährungsführerschein" enthalten ist, ist die Partizipation der Eltern. Es gibt Elternbriefe, in denen die Eltern über das Programm und die Inhalte informiert werden. Darin wird die Ernährungspyramide ausführlich erklärt, damit die Eltern ihr Kinder Zuhause unterstützen können. Zudem werden sie aufgefordert ihrem Kind die Materialien für den Kochunterricht mitzugeben. Besonders gut ist, dass es die Elternbriefe auch in verschiedenen Sprachen gibt, damit wirklich alle Eltern, auch die, die Deutsch nicht als Muttersprache sprechen, ausgiebig aufgeklärt werden. Zusätzlich werden die Eltern aufgefordert sich an dem Programm zu beteiligen, indem sie bei den Kocheinheiten unterstützend mithelfen.
Bei Klasse 2000 ist ebenfalls unklar wie und ob die Kinder bei der Planung mit einbezogen werden und mitbestimmen dürfen. Sicher ist jedoch, dass auch hier die Eltern mit einbezogen und informiert werden. In einem Elternbrief wird das Programm ausführlich beschrieben und es werden hilfreiche Tipps zu den jeweiligen Themen aufgeführt, wie Eltern ihre Kinder unterstützen können. Dazu gehört z.B., dass sie mit den Kindern möglichst viele Wege zu Fuß gehen, Obst und Gemüse zu jeder Mahlzeit zur Verfügung stellen, auf ausreichend Schlaf der Kinder achten, ihre Kinder ermutigen und ihnen keine Zigaretten und Alkohol anbieten.
Dadurch wirkt das Programm doppelt, da somit nicht nur die Lehrer und Gesundheitsförderer den Kindern einen gesunden Lebensstil beibringen, sondern auch die Eltern.

8. Fazit

Zusammenfassend ist zu sagen, dass sowohl das Schulprogramm „Ernährungsführerschein“ als auch das Programm „Klasse 2000“ zur Prävention von Adipositas geeignet ist. Beide Programme beinhalten präventive Maßnahmen zu Ernährung, indem sie den Kindern altersgerecht beibringen, wie sie sich gesund ernähren können und was besonders gut bzw. schlecht für ihren Körper ist. Auch die Eltern der Kinder werden im Rahmen des Grundschulprogramms ausführlich über das Programm und dessen Maßnahmen aufgeklärt und mit hilfreichen Tipps für Zuhause, in die Umsetzung mit einbezogen.

Der Unterschied der beiden Programme liegt zum einen in den Bewegungsmaßnahmen, die bei Klasse 2000 vorhanden sind, beim Ernährungsführerschein hingegen nicht. Diese Maßnahmen erzielen bei Klasse 2000 zusätzlich nochmal einen positiven Effekt in Bezug auf Prävention von Adipositas im Kindesalter.

Ein weiterer Unterschied liegt in dem Zeitaufwand und der Wiederholung der Maßnahmen. Werden Maßnahmen nicht nur Einmalig durchgeführt, sondern wiederholt, so wie es bei Klasse 2000 der Fall ist, ist die Wirkung und Chance auf die Beibehaltung des erwünschten Lebensstils höher.

Ich denke, dass sich noch weitere bedeutende Unterschiede in den Programmen finden lassen, doch ich hatte leider nur die Möglichkeit die Programme nach drei Kriterien zu vergleichen, da eine Untersuchung von weiteren Kriterien diese Arbeit im Umfang zu sehr gesprengt hätten.

Literaturverzeichnis

1) Infodienst für Ernährung, Landwirtschaft und Verbraucherschutz (2015) Das Konzept des aid-Ernährungsführerscheins. Stand 14.05.2015 http://www.aid.de/lernen/ernaehrungsfuehrerschein.php; Zugriff am 05.12.15

2) Infodienst für Ernährung, Landwirtschaft und Verbraucherschutz Sechs Schritte zum Erfolg: Ein Überblick über die Inhalte des ais Ernährungsführerscheins http://www.aid.de/downloads/aid_ernaehrungsfuehrerschein_unterrichtseinheiten.pdf; Zugriff am 05.12.15

3) Kurth, B-M; Schaffrath Rosario, A. (2007): Die Verbreitung von Übergewicht und Adipositas bei Kindern und Jugendlichen in Deutschland. Ergebnisse des bundesweiten Kinder- und Jugendgesundheitssurveys (KiGGS). In: Bundesgesundheitsblatt, Gesundheitsforschung, Gesundheitsschutz 50 (5-6), S. 737.

4) Matern, S.; Stauf, V. (2015) Health promotion and nutritional literacy in school programs of primary schools in Germany. In: Ernährungsumschau 62(5), S. 66-74

5) Max-Rubner-Institut (2013) 11 Bausteine, die die Übergewichtsprävention von Kindern voran bringen http://www.mri.bund.de/fileadmin/Service/Termine/Besser_essen/MRI_BeMb_Kernbotschaften-2.pdf; Zugriff am 28.01.16

6) Oepping, Anke; Schulz-Greve, Sabine (2013) Ernährungsbildung in der Schule. In: Ernährungsumschau, S.84+88

7) Verein für unabhängige Gesundheitsberatung e.V.; Ursachen von Übergewicht und Adipositas – Prof. Dr. med. Alfred Wirth https://www.ugb.de/gesund-abnehmen-ohne-diaet/ursachen-von-uebergewicht-adipositas/ ; Zugriff am 27.01.16

8) Verein Programm Klasse 2000 e.V. (2003) Gesundheitsförderung und Prävention mit Klasse 2000 http://www.klasse2000.de/das-programm/gesundheitsfoerderung-und-praevention.html; Zugriff am 28.01.16

9) Verein Programm Klasse e.V. 2000 (2015) Übersicht: Inhalte der einzelnen Jahrgangsstufen. In: Auszüge aus dem Unterrichtsprogramm 02/15, S.4f

10) Wabitsch, M., Kunze, D. (federführend für die AGA) (2014) Konsensbasierte (S2) Leitlinie zur Diagnostik, Therapie und Prävention von Übergewicht und Adipositas im Kindes- und Jugendalter. Stand 21.11.2014 www.a-g-a.de; Zugriff am 05.12.15

11) Wirth, Alfred; Engeli, Stefan (2008): Adipositas. Ätiologie, Folgekrankheiten, Diagnose, Therapie ; mit 60 Tabellen. 3. Auflage. Heidelberg: Springer Medizin.